Olaifa K. A.
Olaifa O. J.
Agbeja A. O.

CAPACIDADE DE ADSORÇÃO DA TITONIA DIVERSIFOLIA CARBONIZADA

Olaifa K. A.
Olaifa O. J.
Agbeja A. O.

CAPACIDADE DE ADSORÇÃO DA TITONIA DIVERSIFOLIA CARBONIZADA

PARA Cd2+ E CU2+ EM DIFERENTES pH, CAPACIDADE DE ADSORÇÃO E CONCENTRAÇÃO

Imprint

Any brand names and product names mentioned in this book are subject to trademark, brand or patent protection and are trademarks or registered trademarks of their respective holders. The use of brand names, product names, common names, trade names, product descriptions etc. even without a particular marking in this work is in no way to be construed to mean that such names may be regarded as unrestricted in respect of trademark and brand protection legislation and could thus be used by anyone.

Cover image: www.ingimage.com

This book is a translation from the original published under ISBN 978-620-7-48872-8.

Publisher:
Sciencia Scripts
is a trademark of
Dodo Books Indian Ocean Ltd. and OmniScriptum S.R.L publishing group

120 High Road, East Finchley, London, N2 9ED, United Kingdom
Str. Armeneasca 28/1, office 1, Chisinau MD-2012, Republic of Moldova, Europe
Printed at: see last page
ISBN: 978-620-7-63478-1

Copyright © Olaifa K. A., Olaifa O. J., Agbeja A. O.
Copyright © 2024 Dodo Books Indian Ocean Ltd. and OmniScriptum S.R.L publishing group

CAPACIDADE DE ADSORÇÃO DA TITONIA DIVERSIFOLIA CARBONIZADA PARA Cd^{2+} E Cu^{2+} SOB DIFERENTES pH, CAPACIDADE DE ADSORÇÃO E CONCENTRAÇÃO

RESUMO

Foram realizados estudos de adsorção para investigar a capacidade de adsorção da Tithonia diversifolia carbonizada em relação aos iões de metais pesados (Cd^{2+} e Cu^{2+}) em diferentes condições de pH, tempo de contacto, concentração e temperatura. Foram preparadas concentrações de cádmio metálico a 25 ppm, 50 ppm, 75 ppm, 100 ppm, 150 ppm e 200 ppm de soluções de metal e o pH foi ajustado para 5. A absorção de cobre (II) aumenta à medida que o pH da solução aumenta; a pH 1, pH 2, pH 3, pH 4 e pH 5, a percentagem de metal ligado foi de 20,59, 48,47, 94,26 e 94,08%, respetivamente, a pH 5 e pH 6, a percentagem de metal ligado desceu para 93,26 e 92,62%, respetivamente. O aumento da remoção do cobre à medida que o pH aumenta é atribuído à diminuição da competição entre o protão e o ião Cu^{2+} ião para o local de superfície. O estudo do cádmio mostrou que o pH ótimo de ligação é 5, enquanto que a pH 1, pH 2, pH 3, pH 4 e pH 6, a percentagem de ligação foi de 25,59, 59,12, 96,76, 96,14 e 98,31%, respetivamente. A percentagem de remoção do ião cádmio (II) é baixa a pH 1 e permanece elevada e quase constante a pH 6. O elevado poder de ligação do ião cádmio (II) na fase inicial é atribuído ao facto de a biomassa ter o máximo de sítios de ligação disponíveis para interação. Os nossos resultados mostraram que a quantidade de Cu^{2+} e Cd^{2+} adsorvido variou com o pH da solução inicial, a dosagem e a concentração do adsorvente.

CAPÍTULO 1
1.0   INTRODUÇÃO

A quantidade de iões de metais pesados libertados para o ambiente tem vindo a aumentar significativamente em resultado das actividades industriais e do desenvolvimento tecnológico. Os iões de metais pesados presentes nas águas residuais são libertados por várias indústrias, como a mineira, a galvanoplastia, o equipamento eletrónico e os processos de fabrico de baterias. As águas residuais contêm geralmente Cu, Ni, Cd, Cr e Pb, que não são biodegradáveis e a sua acumulação no sistema ecológico pode causar efeitos nocivos para o homem, os animais e as plantas. A exposição excessiva ao níquel pode causar danos graves nos pulmões, rins, dermatite cutânea e cancro (Denkhaus e K. Salnikow, 2002). O consumo de cobre em doses elevadas pode causar graves problemas toxicológicos, uma vez que pode depositar-se no cérebro, na pele, no fígado e no pâncreas. Pode então provocar náuseas, vómitos, dores de cabeça, diarreia, dificuldades respiratórias, insuficiência hepática e renal e morte (Tapiero et al, 2003). Consequentemente, foram realizados vários estudos para a remoção de iões de metais pesados em águas residuais. A literatura refere técnicas comuns utilizadas para remover iões de metais pesados de águas residuais industriais, incluindo permuta iónica, osmose inversa, electro-coagulação, precipitação química, neutralização e adsorção (Ghodbane et al, 2000). Recentemente, a adsorção tem atraído um interesse considerável, especialmente a partir de resíduos agrícolas baratos e abundantemente disponíveis. Foram

3

estudados diferentes tipos de resíduos agrícolas, como a borla de milho (Zvinowanda et al, 2009), a casca de banana (Memon et al, 2009), a serradura e a casca de neem (Naiya et al, 2009), a palha de trigo, a palha de soja, as espigas e os caules de milho [Š æiban et al, 2008] e a serradura de Pinus sylvestris (Kaczala et al, 2009) para a remoção de iões de metais pesados. No entanto, a capacidade é baixa em comparação com as resinas de permuta iónica ou o carvão ativado disponíveis no mercado, mas as modificações (por tratamento básico, ácido e térmico) mostraram uma melhoria na capacidade de adsorção destes subprodutos agrícolas (Mohana e J. C .U. Pittman, 2006), produzindo um produto de maior valor com um custo potencialmente mais baixo em comparação com os adsorventes disponíveis no mercado.

1.1 EFEITOS DOS METAIS PESADOS

A poluição das águas residuais por metais pesados é um perigo ambiental comum, uma vez que os iões metálicos tóxicos dissolvidos podem, em última análise, atingir o topo da cadeia alimentar, tornando-se assim um fator de risco para a saúde humana. Um desses metais pesados preocupantes é o cobre. Está presente nas águas residuais de várias indústrias, tais como banhos de limpeza e revestimento de metais, refinarias, papel e pasta de papel, fertilizantes e conservantes de madeira (Periasamy e Namasivayam, 1996). A ingestão excessiva de cobre pelo homem provoca uma irritação grave das mucosas, danos capilares generalizados, danos hepáticos e renais, problemas do sistema nervoso central seguidos de depressão, irritação gastrointestinal e possíveis alterações necróticas no fígado e nos rins (Kalavathy et al., 2005). Os recursos hídricos disponíveis diminuíram rapidamente e, em muitas regiões, as pessoas irrigam com águas residuais. Os metais pesados presentes nas massas de água acumulam-se nas culturas e acabam por entrar na cadeia alimentar. Esta influência não é observada a curto prazo, mas pode resultar em perdas irrecuperáveis dez ou mais anos mais tarde. A ocorrência da mesma doença nalgumas regiões tem uma relação estreita com a poluição da água. Além disso, serão necessárias várias décadas para a recuperação das massas de água e dos solos poluídos por metais pesados.

Os métodos eficazes de remoção do ião cobre que têm sido utilizados incluem a permuta iónica, a osmose inversa, o tratamento eletroquímico, a recuperação evaporativa e a adsorção. A aplicação de tais processos é frequentemente limitada devido a restrições técnicas ou económicas (Kumar et al., 2006). A biossorção é uma tecnologia comprovada para a remoção de iões cobre (II) de efluentes industriais sintéticos e reais. O elevado custo do carvão ativado motivou os cientistas a procurarem novas formas de adsorção de baixo custo.

CAPÍTULO 2
METAIS PESADOS NO AMBIENTE

O mundo enfrenta atualmente vários desafios devido à industrialização rápida e imprudente, às práticas agrícolas intensas, às operações mineiras perigosas e à eliminação de resíduos (Bhatti *et al.,* 2018; Shubham et al., 2021). A saúde das pessoas, dos animais e das plantas também é afetada pela acumulação contínua de metais nos sistemas terrestres. De acordo com uma investigação do Conselho Central de Controlo da Poluição (CPCB), 80% dos resíduos perigosos na Índia, incluindo metais pesados, são produzidos nos Estados de Gujarat, Maharashtra e Andhra Pradesh (Marg, 2011).

A utilização de pesticidas, fertilizantes, resíduos municipais e de compostagem, bem como a emissão de metais pesados de minas metalíferas e de empresas de fundição, resultaram na contaminação de grandes áreas de terra com metais pesados (Yang *et al.,* 2005). Embora a crosta terrestre contenha, por natureza, um grande número de metais pesados em diferentes concentrações, o problema surge quando estes metais são libertados em excesso para o ambiente em resultado de processos naturais ou provocados pelo homem. Com base na sua densidade (>5 g/cm^3), os 53 elementos que compõem o bloco D foram classificados como "metais pesados" (Jarup, 2003). Apenas 19 elementos, incluindo os macronutrientes C, O, H, Mg, S, N, Ca, P, e K e os micronutrientes Cu, Zn, Mn, Fe, Mo, B, Ni, Co, Cl, e B, foram escolhidos para o metabolismo básico durante o desenvolvimento das angiospérmicas (Ernst, 2006). Além disso, o silício (Si) é considerado um elemento útil e tem sido implicado na preservação estrutural de certas plantas (Epstein, 1999). As actividades fisiológicas e bioquímicas das plantas, incluindo a produção de clorofila, a fotossíntese, a síntese de ADN, as modificações proteicas, as reacções redox no cloroplasto e na mitocôndria, o metabolismo do açúcar e a fixação do azoto são significativamente influenciadas pelos macro e micronutrientes. Em muitas plantas, os sintomas visuais são causados pelo envenenamento por metais. As folhas podem ficar descoloridas e o desenvolvimento das raízes é frequentemente inibido. As deficiências de alguns nutrientes (por exemplo, deficiência de magnésio ou cálcio devido à competição do alumínio pela absorção radicular) podem aparecer como sintomas. Os metais tóxicos também podem ser prejudiciais quando se ligam a proteínas e outras substâncias, porque partilham semelhanças com os metais essenciais. Tanto os metais pesados essenciais como os não essenciais têm frequentemente efeitos nocivos semelhantes nas plantas, incluindo a redução da acumulação de biomassa, a clorose, a inibição do crescimento e da fotossíntese, a alteração do balanço hídrico e da absorção de nutrientes e a senescência, que acaba por resultar na morte da planta. Uma vez que os metais pesados são tão persistentes na natureza, não só têm efeitos negativos nas plantas como também constituem um perigo para a saúde humana. Um dos metais pesados mais perigosos é o chumbo (Pb), que tem um período de retenção no solo de cerca de 150 a 5000 anos e demonstrou manter concentrações elevadas até 150 anos (Yang et al., 2005).

Foram realizados estudos de biotecnologia ambiental utilizando materiais alternativos para eliminar iões de metais pesados de efluentes industriais. A biossorção é um processo rentável que utiliza biossorventes inactivos para a descontaminação de poluentes, como os iões de metais pesados (Davis, 2003). Este processo consiste na utilização de materiais de origem biológica, mais especificamente microrganismos vivos ou mortos, para acumular soluto na superfície do adsorvente (Guibal, 2004). Muitos tipos diferentes de biomassa podem absorver eficazmente metais pesados (algas, musgo, fungos, bactérias, quitosano e zeólito) (Guibal, 2004, Baroni, 2008). No entanto, ao longo das últimas décadas, foram desenvolvidos vários métodos para o tratamento e a remoção de metais pesados.

2.2. MÉTODOS DE TRATAMENTO E REMOÇÃO DE METAIS PESADOS

Os procedimentos normalmente utilizados para a remoção de iões metálicos de correntes aquosas incluem a precipitação química, a coagulação com cal, a troca iónica, a osmose inversa, a biossorção e a extração por solventes (Rich e Cherry, 1987).

2.3 OSMOSE INVERSA

Trata-se de um processo em que os metais pesados são separados por uma membrana semipermeável a uma pressão superior à pressão osmótica causada pelos sólidos dissolvidos nas águas residuais. A desvantagem deste método é o facto de ser dispendioso.

2.4. ELECTRODIÁLISE

Neste processo, os componentes iónicos (metais pesados) são separados através da utilização de membranas semipermeáveis selectivas de iões. A aplicação de um potencial elétrico entre os dois eléctrodos provoca uma migração de catiões e aniões para os respectivos eléctrodos. Devido ao espaçamento alternado das membranas permeáveis aos catiões e aos aniões, formam-se células de sais concentrados e diluídos. A desvantagem é a formação de

2.5. ULTRAFILTRAÇÃO

Trata-se de operações de membrana accionadas por pressão que utilizam membranas porosas para a remoção de metais pesados. A principal desvantagem deste processo é a produção de lamas.

2.6. PERMUTA IÓNICA

Neste processo, os iões metálicos de soluções diluídas são trocados por iões mantidos por forças electrostáticas na resina de troca. Devido à crescente e rigorosa regulamentação ambiental, os limites para os metais pesados na água potável e nas águas residuais tornam-se mais rigorosos. Atualmente, o método de permuta iónica tem sido amplamente utilizado para remover metais pesados em massas de água (Dorfner, 1972, Pajunen, 1987), mas o seu custo é elevado. Existem alguns relatórios sobre a remoção de metais pesados em efluentes por complexação da biomassa seca (Schiewer, 1997, Fourest, 1996). Infelizmente, estes métodos são difíceis de utilizar em grande escala. As desvantagens incluem: custo elevado e remoção parcial de certos iões.

2.7. PRECIPITAÇÃO QUÍMICA:

A precipitação dos metais é conseguida através da adição de coagulantes como o alúmen, a cal, os sais de ferro e outros polímeros orgânicos. A grande quantidade de lamas contendo compostos tóxicos produzidas durante o processo é a principal desvantagem.

2.8. FITORREMEDIAÇÃO:

A fitoremediação consiste na utilização de certas plantas para limpar o solo, os sedimentos e a água contaminados com metais. As desvantagens incluem o facto de a remoção dos metais demorar muito tempo e de ser difícil a regeneração da planta para posterior biossorção.

Por conseguinte, as desvantagens como a remoção incompleta de metais, os elevados requisitos de reagentes e de energia, a geração de lamas tóxicas ou outros produtos residuais que requerem uma eliminação cuidadosa tornaram imperativa a necessidade de um método de tratamento rentável que seja capaz de remover metais pesados de efluentes aquosos.

2.9 BIOSSORÇÃO

A procura de novas tecnologias que envolvam a remoção de metais tóxicos de águas residuais tem direcionado a atenção para a biossorção, com base nas capacidades de ligação de metais de vários materiais biológicos. A biossorção pode ser definida como a capacidade de os materiais biológicos acumularem metais pesados de águas residuais através de vias de absorção metabolicamente mediadas ou físico-químicas (Fourest e Roux, 1992). As algas, as bactérias, os fungos e as leveduras demonstraram ser potenciais biossorventes de metais (Volesky, 1986). As principais vantagens da biossorção em relação aos métodos de tratamento convencionais (Kratochvil e Volesky, 1998 a) incluem

Baixo custo;

Alta eficiência;

Minimização das lamas químicas e biológicas;

Não são necessários nutrientes adicionais;

Regeneração do biossorvente; e

Possibilidade de recuperação de metais.

O processo de biossorção envolve uma fase sólida (sorvente ou biossorvente; material biológico) e uma fase líquida (solvente, normalmente água) contendo uma espécie dissolvida a ser sorvida (sorbato, iões metálicos). Devido à maior afinidade do adsorvente com a espécie adsorvida, esta última é atraída e ligada por diferentes mecanismos. O processo continua até que seja estabelecido um equilíbrio entre a quantidade de espécies de sorbato ligadas ao sólido e a sua porção remanescente na solução. O grau de afinidade do sorvente para o sorbato determina a sua distribuição entre as fases sólida e líquida.

2.4 MATERIAL BIOSSORVENTE

O forte comportamento biossorvente de certos microrganismos em relação aos iões metálicos é função da composição química das células microbianas. Este tipo de biossorvente é constituído por células mortas e metabolicamente inactivas.

Alguns tipos de biossorventes seriam de largo espetro, ligando e recolhendo a maioria dos metais pesados sem atividade específica, enquanto outros são específicos para determinados metais. Alguns laboratórios utilizaram biomassa facilmente disponível, enquanto outros isolaram estirpes específicas de microrganismos e alguns também processaram a biomassa bruta existente até um certo ponto para melhorar as suas propriedades de biossorção;

Experiências recentes de biossorção centraram a atenção em materiais residuais, que são subprodutos ou materiais residuais de operações industriais em grande escala. Por exemplo, os micélios residuais disponíveis nos processos de fermentação, os resíduos sólidos dos lagares de azeite (Pagnanelli, et al. 2002), as lamas activadas das estações de tratamento de águas residuais (Hammaini et al. 2003), os biossólidos (Norton et al. 2003), as macrófitas aquáticas (Keskinkan et al. 2003), etc.

Outra fonte barata de biomassa, que está disponível em grandes quantidades, encontra-se nos oceanos sob a forma de algas marinhas, que representam muitos tipos diferentes de macroalgas marinhas. No entanto, a maior parte das contribuições que estudam a absorção de metais tóxicos por algas marinhas vivas e, em menor grau, por algas de água doce, centrou-se nos aspectos toxicológicos, na acumulação de metais e nos indicadores de poluição por biomassa viva e metabolicamente ativa. Os aspectos tecnológicos da remoção de metais pela biomassa de algas têm sido raros.

Embora tenham sido sugeridos abundantes materiais naturais de natureza celulósica como biossorventes, muito pouco trabalho foi efetivamente realizado a esse respeito. O mecanismo de biossorção é complexo, principalmente troca iónica, quelação, adsorção por forças físicas, aprisionamento em capilares inter e intra fibrilares e espaços da rede estrutural de polissacarídeos como resultado do gradiente de concentração e difusão através das paredes e membranas celulares.

São vários os grupos químicos que atrairiam e sequestrariam os metais na biomassa: grupos acetamido da quitina, polissacáridos estruturais dos fungos, grupos amino e fosfato nos ácidos nucleicos, grupos amido, amino, sulfidrilo e carboxilo nas proteínas, hidroxilos nos polissacáridos e principalmente carboxilos e sulfatos nos polissacáridos das algas marinhas que pertencem às divisões Phaeophyta, Rhodophyta e Chlorophyta. No entanto, isso não significa necessariamente que a presença de um determinado grupo funcional garanta a biossorção, talvez devido a barreiras estéricas, conformacionais ou outras.

2.5 ESCOLHA DO METAL PARA O PROCESSO DE BIOSSORÇÃO

A seleção adequada dos metais para os estudos de biossorção depende do ângulo de interesse e do impacto dos diferentes metais, com base nos quais estes seriam divididos em quatro categorias principais:

(i)   metais pesados tóxicos

(ii)   metais estratégicos

(iii)   metais preciosos e

(iv)   nuclídeos de rádio.

Em termos de ameaças ambientais, são principalmente as categorias (i) e (iv) que se revestem de interesse para a remoção do ambiente e/ou das descargas de efluentes de fontes pontuais.

Para além dos critérios toxicológicos, o interesse em metais específicos pode também basear-se na representatividade do seu comportamento em termos de eventual generalização dos resultados do estudo da sua absorção por biossorventes. A toxicidade e a interessante química da solução de elementos como o crómio, o arsénio e o selénio tornam-nos interessantes para estudo. Os metais estratégicos e preciosos, embora não constituam uma ameaça para o ambiente, são importantes do ponto de vista da sua recuperação.

2.6 MECANISMOS DE BIOSSORÇÃO

A estrutura complexa dos microrganismos implica que existem muitas formas de o metal ser absorvido pela célula microbiana. Os mecanismos de biossorção são vários e não são totalmente compreendidos. Podem ser classificados de acordo com vários critérios.

De acordo com a dependência do metabolismo da célula, os mecanismos de biossorção podem ser divididos em:

1. Dependente do metabolismo e

2. Não dependente do metabolismo.

De acordo com o local onde se encontra o metal removido da solução, a biossorção pode ser classificada como

1. Acumulação/precipitação extracelular
2. Sorção/precipitação da superfície celular e
3. Acumulação intracelular.

O transporte do metal através da membrana celular leva à acumulação intracelular, que depende do metabolismo da célula. Isto significa que este tipo de biossorção só pode ter lugar em células viáveis. Está frequentemente associada a um sistema de defesa ativo do microrganismo, que reage na presença do metal tóxico.

Durante a biossorção não dependente do metabolismo, a absorção do metal ocorre por interação físico-química entre o metal e os grupos funcionais presentes na superfície da célula microbiana. Baseia-se na adsorção física, na troca iónica e na sorção química, que não depende do metabolismo das células. As paredes celulares da biomassa microbiana, compostas principalmente por polissacáridos, proteínas e lípidos, possuem grupos abundantes de ligação a metais, tais como grupos carboxilo, sulfato, fosfato e amino. Este tipo de biossorção, ou seja, não dependente do metabolismo, é relativamente rápido e pode ser reversível (Kuyucak e Volesky, 1988).

No caso da precipitação, a absorção do metal pode ocorrer tanto na solução como na superfície da célula (Ercole, et al. 1994). Além disso, pode estar dependente do metabolismo da célula se, na presença de metais tóxicos, o microrganismo produzir compostos que favoreçam o processo de precipitação. A precipitação pode não depender do metabolismo das células, se ocorrer após uma interação química entre o metal e a superfície celular.

2.6.1 TRANSPORTE ATRAVÉS DA MEMBRANA CELULAR

O transporte de metais pesados através das membranas das células microbianas pode ser mediado pelo mesmo mecanismo utilizado para transportar iões metabolicamente importantes, como o potássio, o magnésio e o sódio. Os sistemas de transporte de metais podem ficar confusos com a presença de iões de metais pesados com a mesma carga e raio iónico associados a iões essenciais. Este tipo de mecanismo não está associado à atividade metabólica. Basicamente, a biossorção por organismos vivos compreende duas etapas. Em primeiro lugar, uma ligação independente do metabolismo, em que os metais se ligam às paredes celulares e, em segundo lugar, uma absorção intracelular dependente do metabolismo, em que os iões metálicos são transportados através da membrana celular. (Costa, et.al., 1990, Gadd et.al., 1988, Huang et.al., 1990.)

2.6.2 ADSORÇÃO FÍSICA

Nesta categoria, a adsorção física tem lugar com a ajuda das forças de van der Waals. Kuyucak e Volesky, em 1988, colocaram a hipótese de que a biossorção de urânio, cádmio, zinco, cobre e cobalto por biomassas mortas de algas, fungos e leveduras ocorre através de interacções electrostáticas entre os iões metálicos em soluções e as paredes celulares das células microbianas. Foi demonstrado que as interacções electrostáticas são responsáveis pela biossorção do cobre pela bactéria Zoogloea ramigera e pela alga Chiarella vulgaris (Aksu et al. 1992), pela biossorção do crómio pelos fungos Ganoderma lucidum e Aspergillus niger.

2.6.3 PERMUTA IÓNICA

As paredes celulares dos microrganismos contêm polissacáridos e os iões metálicos bivalentes trocam com os contra-iões dos polissacáridos. Por exemplo, os alginatos das algas marinhas apresentam-se como sais de K^+, Na^+, Ca^{2+}, e Mg^{2+}. Estes iões podem trocar com iões contrários, tais como Co^{2+}, Cu^{2+}, Cd^{2+} e Zn^{2+} resultando na absorção biossortiva de metais pesados (Kuyucak e Volesky 1988). A biossorção de cobre pelos fungos Ganoderma lucidium (Muraleedharan e Venkobachr, 1990) e Aspergillus niger também foi absorvida pelo mecanismo de troca iónica.

2.6.4 COMPLEXAÇÃO

A remoção do metal da solução também pode ocorrer através da formação de complexos na superfície da célula após a interação entre o metal e os grupos activos. Aksu et al., 1992, levantaram a hipótese de que a biossorção de cobre por C. vulgaris e Z. ramigera ocorre através da adsorção e da formação de ligações de coordenação entre metais e grupos amino e carboxilo de polissacáridos da parede celular. Verificou-se que a complexação é o único mecanismo responsável pela acumulação de cálcio, magnésio, cádmio, zinco, cobre e mercúrio por Pseudomonas syringae. Os microrganismos podem também produzir ácidos orgânicos (por exemplo, ácidos cítrico, oxálico, gluónico, fumárico, lático e málico), que podem quelar metais tóxicos, resultando na formação de moléculas metalo-orgânicas. Estes ácidos orgânicos contribuem para a solubilização dos compostos metálicos e para a sua lixiviação das superfícies. Os metais podem ser biossorvidos ou complexados por grupos carboxilo presentes nos polissacáridos microbianos e noutros polímeros.

2.7 FACTORES QUE AFECTAM A BIOSSORÇÃO

A investigação da eficácia da absorção de metais pela biomassa microbiana é essencial para a aplicação industrial da biossorção, uma vez que fornece informações sobre o equilíbrio do processo, necessárias para a conceção do equipamento.

A absorção de metais é normalmente medida pelo parâmetro "q", que indica os miligramas de metal acumulados por grama de material biossorvente, e "qH" é indicado em função do metal acumulado, do material sorvente utilizado e das condições de funcionamento.

Os seguintes factores afectam o processo de biossorção:

1. A temperatura parece não influenciar o desempenho da biossorção na gama de 20-35^0 C (Aksu et al. 1992)

2. O pH parece ser o parâmetro mais importante no processo de biossorção: ele

   afecta a química da solução dos metais, a atividade dos grupos funcionais na biomassa e a competição dos iões metálicos (Friis e Myers-Keith, 1986, Galun et al. 1987)

3. A concentração de biomassa em solução parece influenciar a absorção específica: para valores mais baixos de concentração de biomassa, verifica-se um aumento da absorção específica (Gadd et al. 1988). Gadd et al. 1988 sugeriram que um aumento da concentração de biomassa conduz a uma interferência entre os sítios de ligação. Fourest e Roux, 1992 invalidaram esta hipótese, atribuindo a responsabilidade da diminuição da absorção específica à escassez de concentração de metal na solução. Por conseguinte, este fator deve ser tomado em consideração em qualquer aplicação da biomassa microbiana como biossorvente.

4. A biossorção é principalmente utilizada para tratar águas residuais em que mais de um tipo de
iões metálicos estariam presentes; a remoção de um ião metálico pode ser influenciada pela presença de outros iões metálicos. Por exemplo: A absorção de urânio pela biomassa de bactérias, fungos e leveduras não foi afetada pela presença de manganês, cobalto, cobre, cádmio, mercúrio e chumbo em solução (Sakaguchi e Nakajima, 1991). Em contrapartida, verificou-se que a presença de Fe^{2+} e Zn^{2+} influenciava a absorção de urânio por Rhizopus arrhizus (Tsezos e Volesky, 1982) e que a absorção de cobalto por diferentes microrganismos parecia ser completamente inibida pela presença de urânio, chumbo, mercúrio e cobre (Sakaguchi e Nakajima, 1991).

2.8 EFEITO DO PRÉ-TRATAMENTO NA BIOSSORÇÃO DE METAIS PESADOS

A afinidade do metal com a biomassa pode ser manipulada através do pré-tratamento da biomassa com álcalis, ácidos, detergentes e calor, o que pode aumentar a quantidade de metal sorvido. A capacidade de bioadsorção do Mucor rouxii autoclavado diminuiu em comparação com o fungo vivo, o que é atribuído à perda de absorção intracelular (Yan e Viraraghavan, 2000). Whistler e Daniel (1985) referiram que o tratamento térmico pode causar uma perda de grupos amino-funcionais na superfície do fungo através da reação não enzimática de escurecimento. Os grupos amino-funcionais nos polissacáridos contribuem para a ligação de metais pesados (Loaec et al., 1997). No entanto, Galun et al., 1987 relataram que o pré-tratamento da biomassa de Pencillium a 100°C durante 5 minutos aumentou a bioadsorção de chumbo, cádmio, níquel e zinco e o aumento foi atribuído à exposição de sítios de ligação latentes após o pré-tratamento.

No caso do pré-tratamento alcalino, a capacidade de bioadsorção da biomassa de Mucor rouxii foi significativamente melhorada em comparação com a autoclavagem (Yan e Viraraghavan, 2000). Num estudo efectuado por Galun et al. (1987), o Pencillium digitatum tratado com NaOH também mostrou um aumento da biossorção de cádmio, níquel e zinco. A remoção das impurezas da superfície, a rutura da membrana celular e a exposição dos sítios de ligação disponíveis para a bioadsorção de metais após o pré-tratamento podem ser a razão do aumento da bioadsorção de metais. McGahren et al. (1984), Brierly et.al. (1985) e Muraleedharan e Venkobachar (1990) mostraram que o tratamento alcalino da biomassa pode destruir as enzimas autolíticas que causam a putrefação da biomassa e remover lípidos e proteínas que mascaram os sítios reactivos. A parede celular do Mucor rouxii foi rompida pelo tratamento com NaOH. Além disso, o pré-tratamento pode libertar polímeros como os polissacáridos que têm uma elevada afinidade com determinados iões metálicos (Mittelman e Geesey, 1985; Loaec et.al. 1997).

O pré-tratamento ácido do Mucor rouxii diminuiu significativamente a bioadsorção de metais pesados (Yan e Viraraghavan, 2000), o que está de acordo com a observação de Kapoor e Viraraghvan (1998) no caso do A.niger. Este facto é atribuído à ligação de iões H^+ à biomassa após o tratamento ácido, o que pode ser responsável pela redução da adsorção de metais pesados. A estrutura polimérica da superfície da biomassa apresenta uma carga negativa devido à ionização de grupos orgânicos e inorgânicos (Hughes e Poole, 1989). Bux e Kasan (1994) sugeriram que quanto maior for a eletronegatividade da biomassa, maior será a atração e a adsorção de catiões de metais pesados. Assim, os iões H^+ remanescentes na biomassa ácida pré-tratada de M.rouxii podem alterar a eletronegatividade da biomassa, resultando numa redução da capacidade de bioadsorção.

No entanto, Huang e Huang (1996) referiram que o pré-tratamento ácido pode aumentar fortemente a capacidade de adsorção dos micélios de Aspergillus.oryzae. No caso do A.oryzae, a biomassa viva após o pré-tratamento ácido foi diretamente utilizada na bioadsorção de metais pesados em vez de ser autoclavada e seca. A diferença de resultados após um pré-tratamento específico pode ser atribuída às diferentes estirpes de fungos utilizadas e ao facto de a biomassa estar viva ou morta quando é utilizada na bioadsorção de iões metálicos. Por exemplo, o pré-tratamento de A.oryzae aumentou a bioadsorção de chumbo, cádmio e níquel, mas o mesmo não aconteceu com as espécies de R.oryzae (Huang e Huang, 1996). Quando a biomassa não viável é utilizada na remoção de metais pesados, o pré-tratamento alcalino é um método eficaz para melhorar a capacidade de bioadsorção de iões metálicos (Yan e Viraraghavan, 2000). Assim, a eficiência de bioadsorção da biomassa morta pode ser maior, equivalente ou menor do que a da biomassa viva, dependendo do método de pré-tratamento aplicado. É necessário efetuar estudos mais pormenorizados para compreender por que razão ocorre um aumento ou uma redução da capacidade de adsorção em condições de pré-tratamento específicas.

2.9 ISOTÉRMICAS DE ADSORÇÃO

A adsorção é a adesão de átomos, iões, biomoléculas ou moléculas de gás, líquido ou sólidos dissolvidos a uma superfície (Brand et al.1993). Este processo cria uma película do adsorvato (as moléculas ou átomos que estão a ser acumulados) na superfície do adsorvente. É diferente da absorção, em que um fluido permeia ou é dissolvido por um líquido ou sólido (Cussler, 1997). O termo sorção engloba ambos os processos, enquanto a dessorção é o inverso da adsorção. Trata-se de um fenómeno de superfície. À semelhança da tensão superficial, a adsorção é uma consequência da energia superficial. Num material a granel, todos os requisitos de ligação (sejam eles iónicos, covalentes ou metálicos) dos átomos constituintes do material são preenchidos por outros átomos do material. No entanto, os átomos da superfície do adsorvente não estão totalmente rodeados por outros átomos do adsorvente e, por conseguinte, podem atrair adsorvatos. A natureza exacta da ligação depende dos detalhes das espécies envolvidas, mas o processo de adsorção é geralmente classificado como fisissorção (caraterística das forças fracas de van der Waals) ou quimissorção (caraterística da ligação covalente). Também pode ocorrer devido à atração eletrostática (Henderson et al. 2009).

A adsorção está presente em muitos sistemas físicos, biológicos e químicos naturais e é amplamente utilizada em aplicações industriais como o carvão ativado, a captura e utilização de calor residual para fornecer água fria para ar condicionado e outros requisitos de processo (refrigeradores de adsorção), resinas sintéticas, aumento da capacidade de armazenamento de carbonos derivados de carboneto para carbono nanoporoso sintonizável e purificação de água. A adsorção, a permuta iónica e a cromatografia são processos de sorção em que determinados adsorvatos são transferidos seletivamente da fase fluida para a superfície de partículas insolúveis e rígidas suspensas num recipiente ou embaladas numa coluna. Menos conhecidas são as aplicações da indústria farmacêutica como meio de prolongar a exposição neurológica a fármacos específicos ou a partes destes.

A adsorção é normalmente descrita através de isotérmicas, ou seja, a quantidade de adsorvato no adsorvente em função da sua pressão (se for gás) ou concentração (se for líquido) a temperatura constante. A quantidade adsorvida é quase sempre normalizada pela massa do adsorvente para permitir a comparação de diferentes materiais.

2.10 ISOTÉRMICA DE ADSORÇÃO DE FREUNDLICH

A equação de Freundlich ou isotérmica de adsorção de Freundlich é uma isotérmica de adsorção, que é uma curva que relaciona a concentração de um soluto na superfície de um adsorvente com a concentração do soluto no líquido com o qual está em contacto. Em 1909, Freundlich apresentou uma expressão empírica que representa a variação isotérmica da adsorção de uma quantidade de gás adsorvido por unidade de massa de adsorvente sólido com a pressão. Esta equação é conhecida como Isotérmica de Adsorção de Freundlich ou Equação de Adsorção de Freundlich.

$$\frac{x}{m} = kP^{\frac{1}{n}}$$

Em que x é a massa do gás adsorvido na massa m do adsorvente à pressão p e k, n são constantes cujos valores dependem do adsorvente e do gás a uma determinada temperatura.

2.11 EXPLICAÇÃO DA EQUAÇÃO DE ADSORÇÃO DE FREUNDLICH

A baixa pressão, a extensão da adsorção é diretamente proporcional à pressão (elevada à potência um).

$$\frac{x}{m} \propto P^{1}$$

A alta pressão, a extensão da adsorção é independente da pressão (elevada à potência zero).

$$\frac{x}{m} \propto P^0$$

Por conseguinte, a um valor intermédio de pressão, a adsorção é diretamente proporcional à pressão elevada à potência 1/n. Neste caso, n é uma variável cujo valor é superior a um.

$$\therefore \frac{x}{m} \propto P^{\frac{1}{n}}$$

Utilizando a constante de proporcionalidade, k, também conhecida como constante de adsorção, obtemos

$$\frac{x}{m} = kP^{\frac{1}{n}}$$

A equação acima é conhecida como equação de adsorção de Freundlich.

2.12 REPRESENTAÇÃO GRÁFICA DA ISOTÉRMICA DE ADSORÇÃO DE FREUNDLICH

De acordo com a equação de adsorção de Freundlich

$$\frac{x}{m} = kP^{\frac{1}{n}}$$

Tomando o logaritmo de ambos os lados da equação, obtemos,

$$\log\left(\frac{x}{m}\right) = \log k + \frac{1}{n}\log p$$

A equação acima é comparável à equação da reta, $y = mx + c$ onde, m representa o declive da reta e c representa a interceção no eixo y.

Traçando um gráfico entre $\log(x/m)$ e $\log p$, obtém-se uma reta com o valor do declive igual a $1/n$ e $\log k$ como interceção.

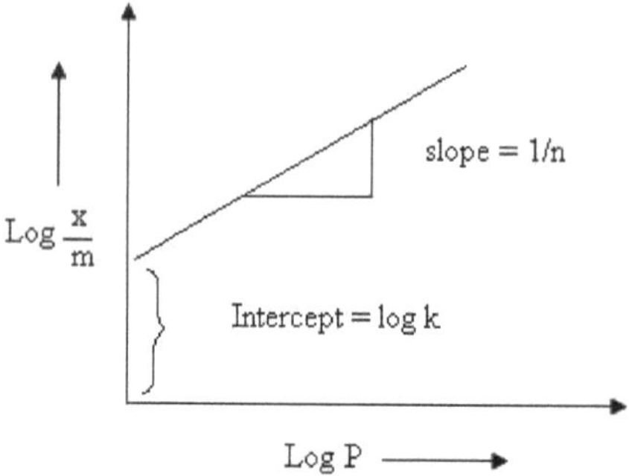

Gráfico de log (x/m) vs log p

2.13 LIMITAÇÃO DA ISOTÉRMICA DE ADSORÇÃO DE FREUNDLICH

Experimentalmente, foi determinado que a extensão da adsorção varia diretamente com a pressão até ser atingida a pressão de saturação (Ps). Para além desse ponto, a taxa de adsorção satura mesmo após a aplicação de uma pressão mais elevada. Assim, a isotérmica de adsorção de Freundlich falhou a uma pressão mais elevada.

O primeiro ajuste matemático a uma isotérmica foi publicado por Freundlich e Küster (1894) e é uma fórmula puramente empírica para adsorventes gasosos,

$$\frac{x}{m} = kP^{\frac{1}{n}}$$

2.14 ISOTÉRMICA DE ADSORÇÃO DE LANGMUIR

Em 1916, Irving Langmuir propôs outra isotérmica de adsorção que explicava a variação da adsorção com a pressão. Com base na sua teoria, derivou a equação de Langmuir, que descreve uma relação entre o número de sítios activos da superfície que sofre adsorção e a pressão.

2.15 PRESSUPOSTOS DA ISOTÉRMICA DE LANGMUIR

Langmuir propôs a sua teoria partindo dos seguintes pressupostos.

1. Existe um número fixo de sítios vagos ou de adsorção disponíveis na superfície do sólido.

2. Todos os sítios vagos são de igual tamanho e forma na superfície do adsorvente.

3. Cada sítio pode conter no máximo uma molécula gasosa e uma quantidade constante de energia térmica é libertada durante este processo.

4. Existe um equilíbrio dinâmico entre as moléculas gasosas adsorvidas e as moléculas gasosas livres.

$$A(g) + B(S) \underset{\text{desorption}}{\overset{\text{Adsorption}}{\rightleftharpoons}} AB$$

Onde A (g) é a molécula gasosa não adsorvida, B (s) é a superfície metálica não ocupada e AB é a molécula gasosa adsorvida.

5. A adsorção é monocamada ou unicamada.

Estes cinco pressupostos raramente são todos verdadeiros: existem sempre imperfeições na superfície, as moléculas adsorvidas não são necessariamente inertes e o mecanismo não é claramente o mesmo para as primeiras moléculas a adsorver numa superfície e para as últimas. A quarta condição é a mais problemática, uma vez que frequentemente mais moléculas serão adsorvidas na monocamada; este problema é resolvido pela isotérmica BET para superfícies relativamente planas (não microporosas). A isotérmica de Langmuir é, no entanto, a primeira escolha para a maioria dos modelos de adsorção e tem muitas aplicações na cinética de superfícies (normalmente designada cinética de Langmuir-Hinshelwood) e na termodinâmica.

Langmuir sugeriu que a adsorção ocorre através do seguinte mecanismo:$A_g + S \rightleftharpoons AS$, em que A é uma molécula de gás e S é um local de adsorção. As constantes de velocidade direta e inversa são k e k_{-1} . Se definirmos a cobertura da superfície, θ, como a fração dos locais de adsorção ocupados, no equilíbrio temos

$$K = \frac{k}{k_{-1}} = \frac{\theta}{(1-\theta)P} \quad \text{ou} \quad \theta = \frac{KP}{1+KP}.$$

Onde P é a pressão parcial do gás ou a concentração molar da solução. Para pressões muito baixas $\theta \approx KP$ e para pressões elevadas $\theta \approx 1$

θ é difícil de medir experimentalmente; normalmente, o adsorvato é um gás e a quantidade adsorvida é dada em moles, gramas ou volumes de gás à <u>temperatura e pressão normais</u> (STP) por grama de adsorvente. Se chamarmos v_{mon} ao volume de adsorvato necessário para formar uma monocamada no adsorvente (por grama de adsorvente), $\theta = \dfrac{v}{v_{mon}}$ e obtemos uma expressão para uma linha reta:

$$\frac{1}{v} = \frac{1}{Kv_{mon}} \frac{1}{P} + \frac{1}{v_{mon}}.$$

Através do seu declive e da sua interceção y, podemos obter v_{mon} e K, que são constantes para cada par adsorvente/adsorvato a uma dada temperatura. v_{mon} está relacionado com o número de locais de adsorção através da <u>lei dos gases ideais</u>. Se assumirmos que o número de sítios é apenas a área total do sólido dividida pela secção transversal das moléculas de adsorvato, podemos facilmente calcular a área de superfície do adsorvente. A área de superfície de um adsorvente depende da sua estrutura; quanto mais poros tiver, maior será a área, o que tem uma grande influência nas <u>reacções nas</u> <u>superfícies</u>.

Se mais do que um gás for adsorvido na superfície, define-se θ_E como a fração de sítios vazios e tem-se

$$\theta_E = \frac{1}{1 + \sum_{i=1}^{n} K_i P_i} \quad e$$

$$\theta_j = \frac{K_j P_j}{1 + \sum_{i=1}^{n} K_i P_i}$$

Onde i é cada um dos gases adsorvidos.

2.16 Tithonia Diversifolia

A Tithonia diversifolia, vulgarmente conhecida como girassol silvestre, é um arbusto suculento e macio que atinge uma altura de 1 a 3 metros; e tem folhas colocadas alternadamente ao longo da maior parte do caule. Cada folha tem 3 a 5 lóbulos com margens dentadas, um ápice pontiagudo e um pecíolo longo [10]. As nervuras das folhas são paralelas. O disco floral da T. diversifolia tem cerca de 3 cm de diâmetro e pétalas amarelas, com 4 a 6 cm de comprimento. A planta floresce e produz sementes durante todo o ano. Cada caule maduro pode ter várias flores no cimo dos ramos. As sementes leves podem ser facilmente dispersas pelo vento, água e animais [10]. A Tithonia diversifolia é originária do México e está agora amplamente distribuída pelas regiões tropicais húmidas e sub-húmidas da América Central e do Sul, Ásia e África [11]. A Tithonia diversifolia foi provavelmente introduzida em África como planta ornamental. Foi registada no Quénia [12], Nigéria [13], Ruanda [14].

A pesquisa tem como objetivo revelar a eficiência da Tithonia diversifolia carbonizada para a remoção de cádmio de solução aquosa.

Tithonia Diversifolia

A Tithonia diversifolia, vulgarmente conhecida como girassol silvestre, é um arbusto suculento e macio que atinge uma altura de 1 a 3 metros; e tem folhas colocadas alternadamente ao longo da maior parte do caule. Cada folha tem 3 a 5 lóbulos com margens dentadas, um ápice pontiagudo e um pecíolo longo [10]. As nervuras das folhas são paralelas. O disco floral da T. diversifolia tem cerca de 3 cm de diâmetro e pétalas amarelas, com 4 - 6 cm de comprimento. A planta floresce e produz sementes durante todo o ano. Cada caule maduro pode ter várias flores no topo dos ramos. As sementes leves podem ser facilmente dispersas pelo vento, água e animais [10]. A Tithonia diversifolia é originária do México e está agora amplamente distribuída pelas regiões tropicais húmidas e sub-húmidas da América Central e do Sul, Ásia e África [11]. A Tithonia diversifolia foi provavelmente introduzida em África como planta ornamental. Foi registada no Quénia [12], Nigéria [13], Ruanda [14].

A pesquisa tem como objetivo revelar a eficiência da Tithonia diversifolia carbonizada para a remoção de cádmio de solução aquosa.

As metalófitas são o grupo único de plantas que evoluíram para prosperar em ambientes ricos em metais e têm atraído muita atenção. As metalófitas são opções ideais para aplicações de fitorremediação devido às suas características inerentes, como a hiperacumulação, a absorção eficiente de metais e os mecanismos de tolerância que afectam tanto a planta como o solo. Estas plantas absorvem e translocam metais pesados, desintoxicando o solo enquanto os acumulam nos tecidos. Este facto reduz a toxicidade dos metais no solo e tem potencial para a recuperação de recursos. As metalófitas têm uma elevada capacidade de tolerância e acumulação de metais devido às suas adaptações fisiológicas e bioquímicas únicas, incluindo um maior sequestro de metais nos vacúolos, a quelação de metais por fitoquelatinas e a ativação de sistemas de defesa anti-oxidantes. Por conseguinte, a titonia diverfolia pode ser classificada como uma metalófita.

CAPÍTULO 3

MATERIAIS E METODOLOGIA

MATERIAIS E MÉTODO

Preparação do adsorvente (Tithonia diversifolia carbonizada): A Tithonia diversifolia utilizada para esta investigação foi adquirida na berma da estrada ao longo da Ibokun-Ilesha Express Road em Ibokun, Estado de Osun, Nigéria. Os caules foram bem lavados com água para remover os detritos, cortados em pedaços mais pequenos e secos. As amostras secas foram depois moídas com um moinho de grãos Victoria e peneiradas com um crivo de 850 μm. A amostra obtida foi carbonizada a 300° C durante 2h utilizando carbolite CWF 1100. As amostras carbonizadas foram depois deixadas arrefecer e as partículas finas foram obtidas utilizando um crivo de 100 μm de malha.

Preparação de soluções-mãe

Pesaram-se exatamente 1,63 g de cloreto de cádmio e dissolveram-se em balão volumétrico de 1000 cm^3 , completando o volume com água destilada.

Estudos de perfil de pH

A partir da solução-mãe preparada anteriormente, preparou-se uma solução de cádmio a 100 ppm medindo 100 ml da solução-mãe e diluindo-a num balão volumétrico de $1000 cm^3$ e diluiu-se num balão volumétrico de 1000 ml de capacidade, completando o volume com água destilada. $100cm^3$ da solução metálica foi medida em 18 copos e o pH foi ajustado de 1 a 6, em duplicado. Em seguida, pesou-se 0,5 g de adsorvente e introduziu-se em cada um dos copos rotulados. A experiência foi deixada em repouso durante 6 horas, com agitação constante. Decorridos 360 minutos, as soluções foram filtradas e $10cm^3$ de cada uma delas para análise dos metais por espetroscopia de absorção atómica (EAA). O mesmo procedimento foi utilizado para a solução de cobre metálico.

Estudos de concentração: Foram preparadas concentrações de cádmio metálico a 25 ppm, 50 ppm, 75 ppm, 100 ppm, 150 ppm e 200 ppm de soluções de metal e o pH foi ajustado para 5. Em seguida, mediram-se 100 cm^3 em 12 copos diferentes para um estudo em duplicado com as diferentes concentrações acima mencionadas. Pesou-se exatamente 0,5 g do adsorvente em cada um dos copos. As soluções foram deixadas em banho-maria durante 2 horas a quatro temperaturas diferentes: temperatura ambiente, 35° C, 45° C e 55° C. Ao fim de 2 horas, as soluções foram filtradas e 10 ml de cada uma delas foram medidos e levados para análise de metais. Para a análise do cobre, foram utilizados os mesmos procedimentos experimentais, exceto que o pH foi ajustado para 4 e deixado em repouso durante 3 horas.

Capacidade de adsorção: Para o cádmio metálico, foi preparada uma solução de 100 ppm de metal, $100cm^3$ da mesma foi medida e transferida para um copo. O pH foi ajustado para 5 e a mistura de solução metálica e 0,5 g de biomassa foi deixada a repousar durante 120 minutos. No final do tempo ótimo, a solução foi filtrada e $10cm^3$ para análise, que foi de primeiro ciclo, o resíduo foi raspado para outro copo e foram adicionados mais $100cm^3$ 1 da solução metálica com o pH ótimo foi medido e transferido para o mesmo, deixou-se passar trinta minutos com agitação. Repetiu-se o procedimento até se completarem 10 ciclos e observaram-se os mesmos procedimentos para o cobre metálico, mas com um pH ótimo de 4 e deixou-se repousar durante 180 minutos. O mesmo processo foi repetido para o cobre

RESULTADOS E DEBATES

Efeito do pH na adsorção de cádmio e cobre

Estudos de pH: o estudo do pH para a adsorção de metais utilizando Tithonia diversifolia é útil para determinar a sorção óptima de iões metálicos. Foi registado que a adsorção aumenta à medida que o pH da solução aumenta [15].

A Figura 1 representa o gráfico do estudo do perfil de pH para os iões cádmio e cobre. A partir da Fig. 4.1, a absorção de cobre (II) aumenta à medida que o pH da solução aumenta; a pH 1, pH 2, pH 3, pH 4 e pH 5, a percentagem de metal ligado foi de 20,59, 48,47, 94,26 e 94,08%, respetivamente, a pH 5 e pH 6, a percentagem de metal ligado caiu para 93,26 e 92,62%, respetivamente. A percentagem de remoção do cobre é baixa a pH 1, aumenta até pH 4, permanece elevada e quase constante na gama de pH 7 - 8 num estudo que envolveu a remoção de alguns metais pesados por eletrocoagulação [16]. O aumento da remoção de cobre à medida que o pH aumenta deve-se à diminuição da competição entre o protão e o ião Cu^{2+} pelo sítio da superfície. A um pH baixo, o ião hidrogénio compete com os catiões metálicos pelos locais de troca no sistema, o que liberta parcialmente os catiões metálicos [17].

O estudo do cádmio mostrou que o pH ótimo de ligação é 5 [18] [19] fez afirmações semelhantes. A pH 1, pH 2, pH 3, pH 4, pH 5 e pH 6, a percentagem de ligação foi de 25,59, 59,12, 96,76, 96,14, 96,98 e 98,31%, respetivamente. A percentagem de remoção do ião cádmio (II) é baixa a pH 1, aumentou até pH 5 e manteve-se elevada e quase constante a pH 6, o que está de acordo com outros trabalhos de investigação de Konstantinos et al.[16].

Capacidade de adsorção

Na Figura 3 são apresentados os gráficos dos iões metálicos ligados à biomassa com o aumento do número de ciclos de adsorção. Os gráficos mostram uma tendência decrescente à medida que o número de ciclos aumenta.

A figura 2 apresenta o gráfico do metal adsorvido durante 10 ciclos. Como se pode ver neste gráfico, a capacidade de sorção percentual para iões Cd (II) nos ciclos 1, 2, 3, 4, 5, 6, 7, 8, 9 e 10 foi de 89,55, 87,43, 74,97, 67,47, 66,99, 64,15, 59,45, 55,70, 54,50 e 54,50%, respetivamente. A razão para este elevado poder de ligação na fase inicial é atribuída ao facto de a biomassa ter o máximo de sítios de ligação disponíveis para interação. No caso do cobre, como mostra a Figura 4, a percentagem de iões de cobre adsorvidos nos ciclos 1st , 2nd , 3rd , 4th , 5th , 6th , 7th , 8th , 9th e 10º ciclo foi de 98,49, 95,05, 93,22, 85,74, 86,23, 84,74, 83,61, 82,68, 82,07 e 80,73%, respetivamente. Foi sugerido que os processos de sorção, tais como a quimisorção, seguida de uma troca iónica rápida e da fisicosorção, podem ser responsáveis pela ligação do metal [20]. A partir deste resultado, não há dúvida de que a biomassa ainda pode ser potente para além de 10 ciclos.

Estudos de concentração inicial

Estudos de concentração inicial de cádmio: A Figura 3 apresenta os gráficos da percentagem de iões de cádmio ligados à biomassa em função das alterações da concentração e das variações de temperatura. Os gráficos mostram uma diminuição gradual da percentagem de metal ligado à medida que a temperatura aumenta.

Estudos de concentração inicial para o ião cobre (II): Na Figura 4 são apresentados gráficos da percentagem de iões de cobre ligados à biomassa em função das alterações na concentração e das variações de temperatura. Os gráficos mostram uma diminuição gradual da percentagem de metal ligado à medida que a temperatura aumenta. O efeito da concentração inicial de cádmio e da concentração inicial de cobre na adsorção (investigado nas condições especificadas; pH inicial de 5 para o cádmio e de 4 para o cobre; tempo de contacto de 120 min para o cádmio e de 180 min para o cobre; dosagem de adsorvente de 0,5 g; e temperatura ambiente, 35, 45, 55^0 C) foi realizado.

Efeito da concentração inicial de cádmio

A Fig.4 mostra que a remoção de cádmio depende da concentração de cádmio, uma vez que o aumento da concentração inicial diminui a quantidade de cádmio removido [21]. Para o cádmio com a concentração inicial de 25ppm, a percentagem de remoção de cádmio à temperatura ambiente, 35, 45 e 55° C foi de 99,62, 98,98, 97,52 e 96,90%, respetivamente; a percentagem de remoção para a concentração inicial de 50ppm à temperatura ambiente, 35, 45 e 55° C foi de 98.963, 98.74, 96.66, 96.49% respetivamente; para a concentração inicial de 75ppm, os valores de percentagem de ligação à temperatura ambiente, 35, 45, 55 e 65° C foram 98.58, 98.07, 95.93, e 94.45% respetivamente. A partir da Figura 4.7, pode deduzir-se que o aumento da concentração inicial de metais leva a uma diminuição da percentagem de metal ligado.

Efeito da concentração inicial de cobre

No caso do cobre, como se pode ver na fig.4, a percentagem de remoção de cobre utilizando a concentração inicial de 25 ppm à temperatura ambiente, 35, 45 e 55° C foi de 98,58, 96,51, 94,80 e 93,17%; a percentagem de remoção utilizando a concentração inicial de 50 ppm à temperatura ambiente, 35, 45 e 55° C foi de 98,04, 96,92, 92,92 e 90,43%; a percentagem de remoção utilizando a concentração inicial de 75 ppm à temperatura ambiente, 35' 45 e 55° C foram 97.57, 95.03, 91.27 e 87.82% respetivamente; pode ser visto que a remoção de cobre foi dependente da concentração inicial de cobre, como a diminuição da concentração inicial aumentou a quantidade de metal removido [21]. A diminuição da percentagem de sorção à medida que a concentração aumenta pode ser o resultado de uma redução do número de grupos funcionais disponíveis nos adsorventes à medida que a concentração inicial aumenta.

Representações gráficas

Figura 1: Efeito dos estudos de pH

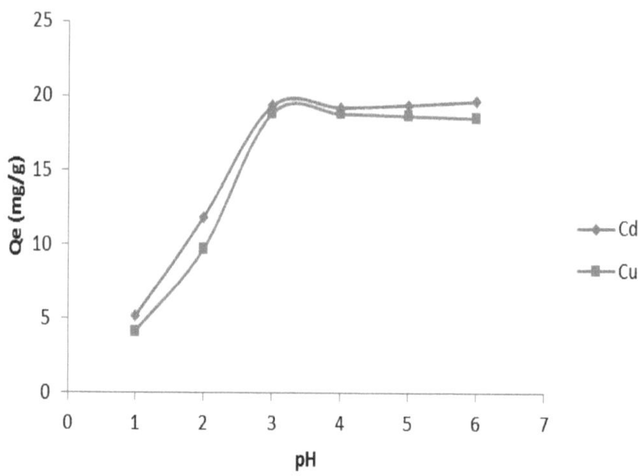

Figura 2: Gráfico da capacidade de adsorção

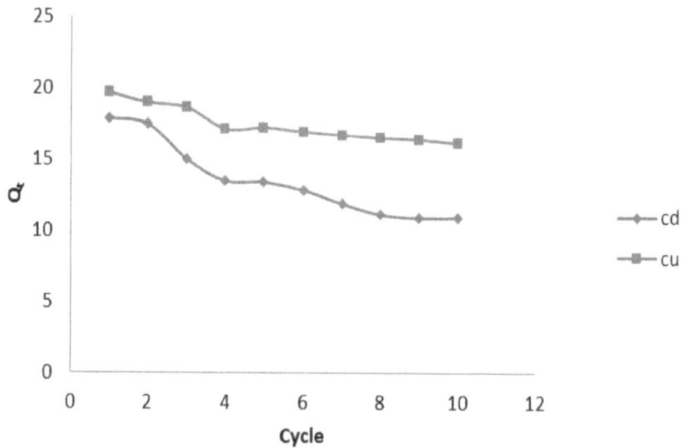

Figura 3: Gráfico dos efeitos da concentração inicial para o ião cádmio (II)

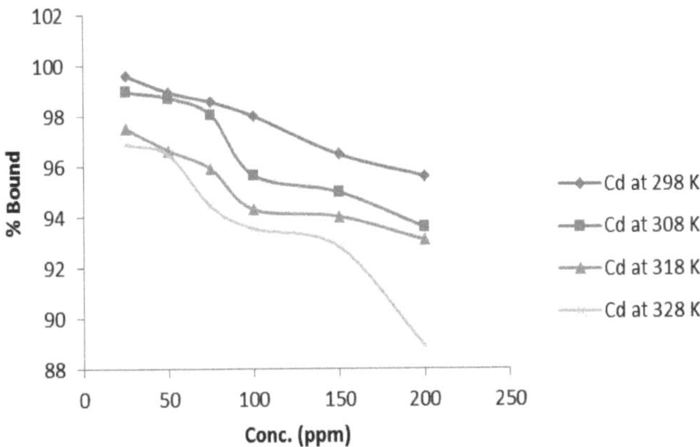

Figura 4: Gráfico dos efeitos da concentração inicial para o ião cobre (II)

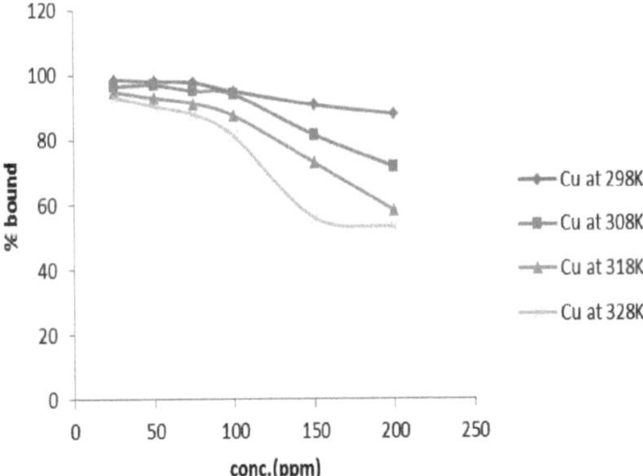

CONCLUSÃO

Dos estudos de adsorção efectuados, em diferentes condições como o pH, a concentração e a capacidade de adsorção, a quantidade de Cu^{+2} e Cd^{2+} adsorvida variou com o pH da solução inicial, a dosagem de adsorvente e a concentração. Por conseguinte, a Tithonia diversifolia carbonizada é considerada um excelente adsorvente para a remoção de diversos metais pesados.

REFERÊNCIAS

1. Adelaja O. A, Okoronkwo A.E., Abass L. T. (2012). Investigação da ligação de metais pesados à casca de Jatropha Curcas. Natureza e Ciência; 10 (3); 1-5Iqbal M., Edyvean R.G.J (2004):

2. Ajmal M, Rao, Ahmed J (2000). Estudos de adsorção em reticulado de citrinos (casca de laranja): remoção e recuperação de Ni (II) de águas residuais de galvanoplastia. J. Hazard. Mater. B79: 117-131.

3. Ayeni, A. O., Lordbanjou, D. T., e Majek, B. A. (1997). *T. diversifolia* (flor do sol mexicana) no sudoeste da Nigéria; Ocorrência e hábito de crescimento. *Weed Research, 37*, 443-449.

4. Bauder TA, Barbarick KA, Ippolito JA, Shanahan JF, Ayers PD. (2005). Propriedades do solo que afectam a produção de trigo após a perfuração-Fluid Appl.J. Environ. Quality, 34: 1687-1696.

5. Bhatti SS, Kumar V, Sambyal V, Singh J, Nagpal AK. Análise comparativa da absorção compartimentada de metais pesados

por culturas forrageiras comuns: uma experiência de campo. Catena. 2018 Jan 1;160:185-93.

6. Biossorção de iões de chumbo, cobre e zinco em esponja de loofa imobilizada com biomassa de Phanerochaete chrysosporium. Engenharia de Minerais 17(2):217-223. DOI:10.1016/j.mineng.2003.08.014

7. Callaham MA, Stewqart AJ, Alarcon C, McMillen SJ (2002): Efeitos da palha de minhoca (Eisenia fetida) e de trigo (Triticum aestivum) em propriedades seleccionadas de solos contaminados com petróleo. Environ Toxicol Chem 21:1658-1663

8. Drechsel P. e Reck B. (1998). Composted shrub-prunings and other organic manures for small-holder farming systems in southern Rwanda. Agroforestry Systems 39: 112.

9. Dube A., Kowalkowski T., ZbytniewskI R., Cukrowska E., buszewski B. (2000). Actas do XV Simpósio Internacional sobre Métodos Físico-Químicos de Separação de Misturas, Borowno n. By dgoszcz, 21.

10.   Epstein E. Silício. Revisão anual da biologia vegetal. 1999 Jun;50(1):641-64.

11.   Ernst WH. Evolução da tolerância aos metais nas plantas superiores. For Snow Landsc Res. 2006;80(3):251-74.

12.   Huang C., Cheng H. e Morehart A.L., The removal of copper from dilute aqeous solutions by saccharomyces cerevisie water Res., vol. 24, pp 433-439, 1990.

13.   ICRAF (1997). Utilização do girassol selvagem, *T. diversifolia* no Quénia. Centro Internacional de Investigação em Agroflorestação. Nairobi, Quénia.

14.   Issoufi I., Rhykerd RL., Smiciklas KD., (2006). Crescimento de plântulas de culturas agronómicas em solos contaminados com petróleo bruto. J. Agron. Crop Sci., 192: 310-317.

15.   Konstantinos Dermentzis, Achilleas Christoforidis, Evgenia Valsamidou, (2011). Remoção de níquel, cobre, zinco e crómio de águas residuais sintéticas e industriais por

eletrocoagulação. Revista Internacional de Ciências Ambientais Volume 1 No.5; 697-700.

16.   Kyung-Hwa B, Hee-Sik K., Hee-Mock O., Byung-Dae Y, Jaisoo K., In-Sook L. (2204). Effects of crude oil, oil components, and bioremediation on plant growth (Efeitos do petróleo bruto, componentes do petróleo e bioremediação no crescimento das plantas). J. Environ. Sci. Health, 39: 2465-2472.

17.   Marg BZ. Hazardous metals and minerals pollution in India (Poluição por metais e minerais perigosos na Índia): Sources, toxicity and management. A Position Paper, Academia Nacional de Ciências da Índia, Nova Deli. agosto de 2011.

18.   Miller RW, Pesaran P (1980) Efeitos dos fluidos de perfuração no solo e nas plantas II. Misturas completas de fluidos de perfuração. J. Environ. Quality, 9: 552-556.

19.   Nações: Uma Atualização. TOXIC; Instituto Multidiciplinar de Publicações Digitais (MDPI). Toxics. 2018 Dec; 6(4): 65 doi: 10.3390/toxics6040065.

20.   Pacyna J.M. (1994): Global Perspectives on Lead, Mercury and Cadmium cycling the Environment. Wiley Eastern Ltd. Nova Deli, 1994, pp.315-328.

21.   Pinghe Yin a1, Qiming Yu a. Bo Jin b, Zhao Ling c. (1999). Remoção por biossorção de cádmio de uma solução aquosa utilizando biomassa fúngica pré-tratada cultivada a partir de águas residuais de amido. Water Research. Vol. 33, número 8, junho de 1999. Pp1960-1963

22.   Senthil P. K. e Kirthika K., (2009). Estudo de equilíbrio e cinética da adsorção de níquel de solução aquosa em pó de folha de árvore de bael. Journal of Engineering Science and Technology Vol. 4, No. 4; 351 363.

23.   Shubham, Uday Sharma & Rajesh Kaushal (2023) Potential of Different Nitrification Inhibitors on Growth of Late Sown Cauliflower Var. Pusa Snowball K-1 e Comportamento do Solo NH_4 + e NO_3 - em *Eutrochrept Typic* sob Mid Hills of NW Himalayas, Comunicações em Ciência do Solo e Análise de Plantas, 54:10, 1368-1378, DOI: 10.1080/00103624.2022.2146130

24.	Shubham, Uday Sharma e Arvind Chahal. 2021. Efeito do fogo florestal na amonificação e nitrificação: A study under chir pine (*Pinus roxburghii*) forest areas of Himachal Pradesh. *Indian Journal of Ecology* 48(2): 376-380.

25.	Sonke D. (1997). *Tithonia* weed uma potencial cultura de adubo verde. Echo Dev. Notas 57: 56.

26.	Timmeran DM. (1999). Os efeitos do derrame de petróleo bruto na produtividade das culturas e na qualidade biológica de um solo agrícola, e o potencial de fitorremediação de terras contaminadas com petróleo bruto. Tese de mestrado, Universidade de Manitoba, Winnipeg, Canadá.

27.	Velasquez L., and Dussen G J.(2009). Biosorção e bioacumulação de metais pesados em biomassa morta e viva de Bacillus spharicus. Journal of hazardous Materials167(1-3): 713-6

28.	Volesky, B. (2003). Sorption and Biosorption. (ISBN 0-9732983-0-8) BV-Sorbex, Inc. Lambert (Montreal), Quebec, Canadá.

29.   Yang X, Feng Y, He Z, Stoffella PJ. Molecular mechanisms of heavy metal hyperaccumulation and phytoremediation (Mecanismos moleculares de hiperacumulação de metais pesados e fitorremediação). Journal of trace elements in medicine and biology. 2005 Jun 27;18(4):339-53.

ÍNDICE

yes

I want morebooks!

Buy your books fast and straightforward online - at one of world's fastest growing online book stores! Environmentally sound due to Print-on-Demand technologies.

Buy your books online at
www.morebooks.shop

Compre os seus livros mais rápido e diretamente na internet, em uma das livrarias on-line com o maior crescimento no mundo! Produção que protege o meio ambiente através das tecnologias de impressão sob demanda.

Compre os seus livros on-line em
www.morebooks.shop